U0239021

桌子上的植物园

[日]奥山久　著

新锐园艺工作室　组译

于蓉蓉　李世越　张净娟　组译

中国农业出版社

北京

寄　语

　　读者朋友们，是否培育过出芽的土豆或洋葱呢？土豆从收获后，就进入50～60天的休眠期（生长停止），过了休眠期土豆就会继续发芽生长。

　　日本最大的土豆生产地是北海道，每年大约10月就到了土豆的收获期。土豆收获后2个月左右就会发芽，所以在出售之前，为了抑制土豆发芽，会保存在0～5℃的低温仓库中。但一旦到了消费者手中，如果不立刻食用，土豆就会发芽。

　　本书开篇介绍了如何培养发芽的土豆和洋葱，另外还收集了各种植物的种子，观察它们的发芽情况。所以本书是介绍各种植物在桌上的发芽实验和对实验的观察心得。

　　现在，我们就来看看这本书吧。

目　录

忘记吃掉的土豆和洋葱

进入3月后，气温逐渐转暖。

有一天突然注意到，厨房的纸箱里，忘记吃掉的土豆和洋葱不知何时发了芽。

土豆一旦发芽就不能再食用了，因为芽的四周会产生毒素。母亲说要扔掉，但我觉得可惜，所以就把它种在了花盆里。

这就是我写这本书的原因。那么，发芽的土豆和洋葱要怎么种植呢？

没有种在土里怎么会发芽了呢?

　　在厨房角落的纸箱里,土豆已经发芽了。发芽的土豆会产生一种生物碱,因为这种生物碱有毒,所以不能食用。生物碱在芽的周围尤其多。

　　明明没有种在土里,为什么会发芽了呢,真是不可思议。

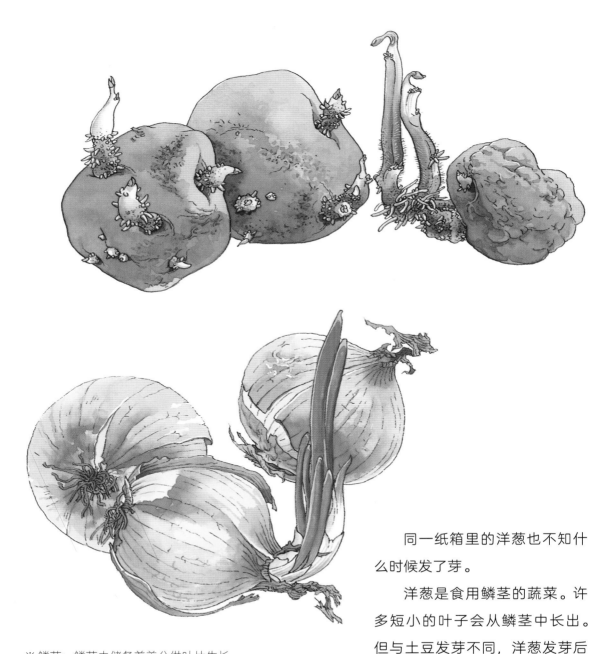

※鳞茎: 鳞茎中储备着养分供叶片生长。

　　同一纸箱里的洋葱也不知什么时候发了芽。

　　洋葱是食用鳞茎的蔬菜。许多短小的叶子会从鳞茎中长出。但与土豆发芽不同,洋葱发芽后食用对人体无害。

种在土里的土豆和没有种在土里的土豆

首先，将一个发芽的土豆种在花盆里。将最大的芽朝上，埋深约为土豆大小的3倍，然后浇透水。作为对比，将另外一个发芽的土豆放在桌上。其余的还放入纸箱中。

种下土豆后要给花盆浇水，使土壤湿润。不久，土壤表层被顶出了裂纹。

从裂纹最大的地方，土豆绿色的叶片伸展了出来。

接着，其他绿色的叶子也不断顶出来，叶片背面呈现些许红色。

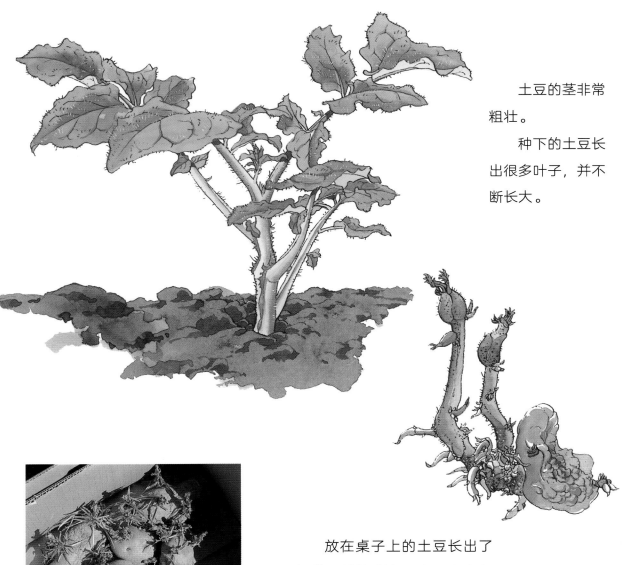

土豆的茎非常粗壮。

种下的土豆长出很多叶子，并不断长大。

放在桌子上的土豆长出了粗茎，前端膨大，土豆自身却在慢慢萎缩。

厨房纸箱里的土豆的芽出现了分支。这之后会怎样呢？

土豆的花和地下的土豆

在花盆里种植的土豆，放在光照好的地方，茎生长极快，最后茎的顶端开出了花。

土豆花是白色的，但土豆品种不同，花的颜色也略有不同，有些品种的花是淡紫偏红色的。

时不时将花盆移到光照充足的地方，土豆的茎飞速生长，植株变得越来越茂盛。

茎的顶端开出了白色的花。

放在纸箱里的土豆怎么样了？

放在纸箱中的发芽土豆，没有光照和水，最后怎么样了呢？稍微打开一看，这些土豆的芽出现了分支。

打开纸箱一看，土豆长出了粗茎和许多白色的匍匐茎，这些茎相互缠绕在一起。

※匍匐茎：土豆的变态地下茎。

萎缩的土豆上长出白色的圆球，这是新长成的土豆。

不久，地上的茎开始枯萎，从土里挖出来一看，地下部分长出了大土豆，最大的直径有7厘米。

纸箱中新长成的土豆最大直径有1.5厘米，原来的土豆已经萎缩了。种植土豆的方法有很多，但放在纸箱中的土豆无法像种在土壤里的土豆一样生长发育。

种下发芽的洋葱

发芽的洋葱也做两组对比，一组种在土里，一组放在桌上观察。发芽洋葱的鳞茎直径有7厘米左右。虽说洋葱也可以从种子开始种植，但是至今我还没见过洋葱的种子。

在花盆里种上发芽的洋葱，洋葱长出很多像葱叶一样的叶子，最后在茎的顶端开了花。

在花盆里种植的洋葱，长出的叶子像葱一样（左图）。粗茎径直生长，从下面接连长出叶子，茎顶端开出了花（右图）。

我们来观察一下放在桌上洋葱的情况。洋葱的芽稍微长长了，长出的叶片弱小，颜色偏黄，最后都枯萎了。鳞茎散发出难闻的气味并开始腐烂。

11

洋葱的花和种子

　　花盆里的洋葱，在粗茎的顶端长出直径7厘米的大花蕾，开出许多花朵，花的形状与葱的很像。

　　这些花可能会形成种子。正好我还没见过洋葱的种子呢。

努力生长的洋葱花蕾。密密麻麻开满了白色的花。

放大来看，带着花粉的雄蕊非常长。

和葱的花外形相似的洋葱花，小花直径大约5毫米，这些花聚集起来，形成球一样的形状。

洋葱花只开数日，然后就枯萎了。

结出像果实一样的东西，但里面没有种子。

在花枯萎的同时，叶也会随着枯萎。

最初种下的洋葱分化成了7个小球。

从土里挖出来的小洋葱。

等到茎倒伏后，将小球从土中挖出来。小球直径约4厘米，每个都是一个小洋葱。

我觉得不可思议，所以调查了农家田里的洋葱，发现田里的也会长出小球。

洋葱的种子

我做的实验中，发芽的洋葱最终没有长出种子。于是我到附近的商店问了问，看能不能买到洋葱种子，想要尝试从种子开始栽培洋葱。

洋葱的种子是黑色的，稍微有些扁平，直径约3毫米。

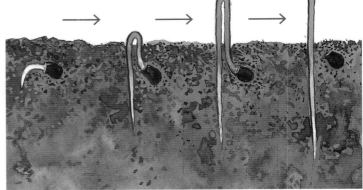

用小花盆尝试种下种子，最开始萌出的芽像曲别针一样弯弯的，然后芽会逐渐伸直。

培育种子的必要条件

　　不论是发芽的土豆还是洋葱，种植在土里时不时浇水都能健壮生长。在土里种植和不在土里种植到底哪里不一样呢？

　　我想用其他的植物来做一下这个实验。植物能不能在桌子上培育成功呢。

　　像南瓜和黄瓜那样有很长的葡匐茎的植物，不论在桌子上还是在花盆里都挺难种植的。于是我从种子商店买来了大豆种子，试着在桌子上培育。

在桌子上进行大豆实验

打开种子包装袋，里面是浅绿色的种用大豆。种用大豆是圆的，直径大约7毫米。大豆的种子也有黑色的。

首先，将这些大豆在桌子上培育，观察发芽的样子。

桌上实验中使用的种用大豆。

在水中浸泡一晚，大豆就膨胀到原来大小的3倍。

照片中左侧的大豆是没有用水浸泡过的，右侧个大的大豆是用水浸泡了一晚的样子。

各种各样的种子。很多种子用水浸泡了一晚也不会膨胀。

用水浸泡了一晚是为了尽快让大豆种子发芽。

不仅是大豆，其他蔬菜或杂草的种子也一样，用水浸泡一晚就会快速发芽。

在3种不同的栽培环境下，比较大豆种子发芽的状况有什么不同。

首先，将红壤土和腐殖质土壤充分混合，分装至3个一样的花盆中。A盆中种植用水浸泡了一晚的大豆种子。B盆和C盆中种植没有用水浸泡过的大豆种子。

A盆和B盆使用浸盆法供水，同时时不时浇水。C盆完全不浇水。3个花盆放在阳台能照到阳光的地方。

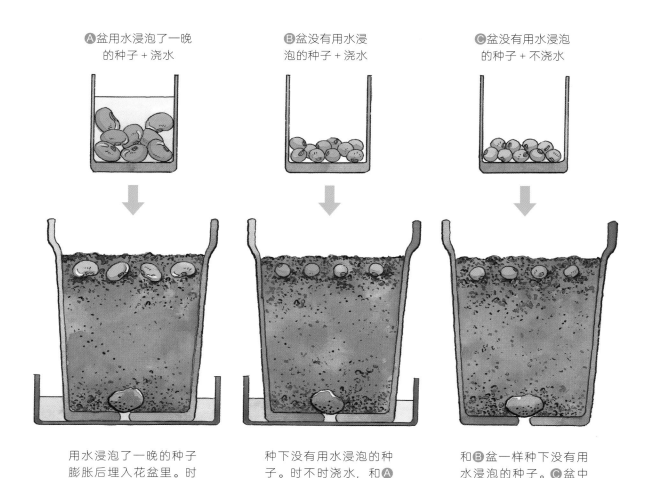

A盆用水浸泡了一晚的种子 + 浇水

B盆没有用水浸泡的种子 + 浇水

C盆没有用水浸泡的种子 + 不浇水

用水浸泡了一晚的种子膨胀后埋入花盆里。时不时浇水，同时采用浸盆法供水。

种下没有用水浸泡的种子。时不时浇水，和A盆一样采用浸盆法供水。

和B盆一样种下没有用水浸泡的种子。C盆中不浇水也不采用浸盆法供水。

Ⓐ盆中的种子在第5天破土而出。还未展开的子叶十分厚实，在其间隐约可以看到幼小的真叶。

　　Ⓐ盆时不时浇水并采用浸盆法供水。最后芽破土而出，厚实的子叶稍稍展开了一些。

　　和Ⓐ盆相同，Ⓑ盆也是时不时浇水并采用浸盆法供水。芽在第9天破土而出，2周后和Ⓐ盆的生长状况差不多。

　　Ⓒ盆的土完全干燥。把土扒开查看后发现，大豆种子和刚种下时一样，没有任何变化。所以，只有土和阳光，没有水是无法培育大豆的。

花盆中种植大豆的方法

稍微查了一下大豆的种植方法，将没有浸泡过水的大豆种子种在花盆里。头两天浇水，之后就全靠天气了。

种在花盆里的大豆，不用水浸泡，用手指在土里戳个2厘米深的洞，往每个洞里埋一粒。

桌上花盆中的大豆实验和田里的有什么不同？

种在花盆里的大豆我时不时挖出来查看，确认大豆的发育情况。不久大豆的子叶就伸展开了，接着真叶也展开了，再后来就和农家田里种的大豆一样了。

破土而出的子叶。大豆发芽首先是展开两片子叶，然后再长出真叶。

真叶的数量越来越多，植株越长越茂盛。

茎快速生长。

在叶的基部开出白色的花。

结出很多豆荚。

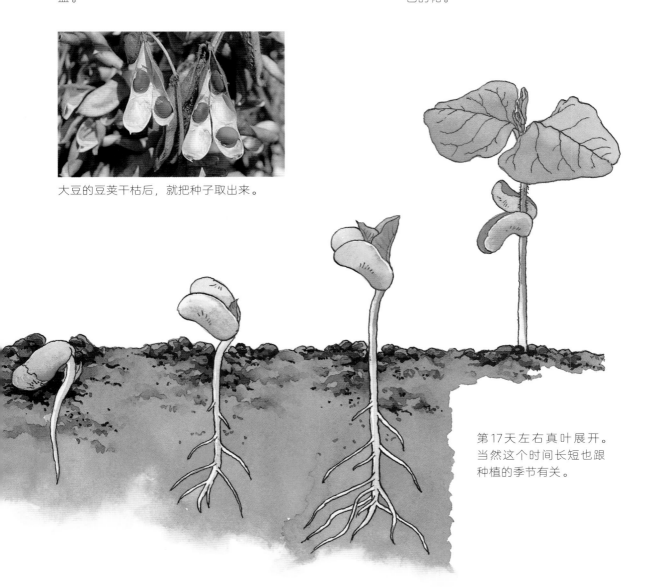

大豆的豆荚干枯后，就把种子取出来。

第17天左右真叶展开。当然这个时间长短也跟种植的季节有关。

　　根系开始伸展后，种子的种皮就会脱落，不久子叶就会展开。子叶展开后，就能看到真叶。真叶出现后的一段时间内，子叶还会留在茎上。

收集种子在桌子上做实验

　　从初春到深秋，我家周围或稻田周围的水边和野地上都能找到不少植物的种子。

　　很多杂草是在深秋形成种子，但荠菜等是在春季形成种子。种子有大有小，有些小的种子像粉末一样。将收集来的种子，按种类放进不同的纸袋中，上面写好种子的名称和采集日期，方便保存。

　　自己找到的种子能种出怎样的植物来十分令人期待。在桌子上也能享受实验的乐趣。

試着种下各种种子

收集了各种植物的种子，有草本植物的，也有木本植物的，然后就可以准备种植用的东西，开始桌子上的实验了。种植各种植物的种子，就像在桌子上开一个植物园一样。

和大豆实验相同，种子种入土壤前先用水浸泡一晚。木本植物可以长得很大，所以要准备大一点儿的花盆。为了避免忘记种的是什么植物，最好在花盆上贴上标签。

要考虑植物会长到多大，然后选择适合的花盆。可以用来种植物的除了花盆，还可以选择酸奶盒等。

准备土壤是非常重要的一步。将红壤土、腐殖质土壤、化肥等充分混合。

※ 化肥：用化学方法合成的无机肥料。

光照角度的变化

　　植物受光的影响后会发生怎样的变化？我的桌子旁有一面向南的窗户，冬季阳光能够照射进来，但是春季以后，阳光的照射角度会越来越窄。

3月1日。阳光照射到桌子上的绝大多数地方，许多种子开始发芽。种子的种类不同，选用的花盆大小各不相同，但都能顺利生长。

4月27日。阳光照射角度越来越窄。各种植物的芽都向着阳光的方向弯曲生长，所以需要时不时更换花盆的位置。

桌上许多植物的种子发芽了。种子的大小各不相同，展开的子叶形状也不同，十分有趣。

龙芽草的子叶。

小茄的子叶。

鸡矢藤的子叶。

萝藦的子叶。

葎草的细长子叶。

向光弯曲生长的三裂叶豚草。

观察一阵子就会发现，开始长得笔直的芽会慢慢向着阳光的方向弯曲。

子叶展开，径直生长的白萝卜苗。

随着房间中光照角度的变化，白萝卜苗开始向着阳光的方向弯曲生长。

卷须是向左卷还是向右卷？

　　本来想等到长大一些就移植到花坛中的苦瓜和王瓜苗，不知不觉就在桌上长大了，卷须缠绕着笔筒里的铅笔。

　　藤蔓植物，就如牵牛花一般，全部茎都需要缠绕着什么东西生长，而像苦瓜这类，不是用茎去缠绕，而是用生长出的卷须去缠绕。

　　藤蔓植物，只在桌子上是长不好的，要尽早移栽到花坛里。

苦瓜是一种蔬菜，作为绿植窗帘也极受欢迎。但是，卷须都长成这样了，还是尽早移栽到花坛里吧。

不同植物的卷须卷曲的方向不同，有些向左，有些向右。牵牛花是向左卷曲，而鸡矢藤是向右卷曲。

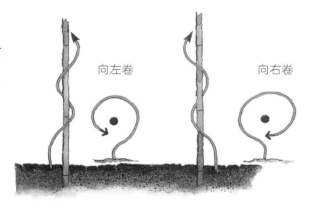

向左卷　　　　向右卷

卷须

牵牛花向左缠绕在支柱上。

苦瓜并不是茎卷曲，而是卷须向右卷曲。

缠绕在栅栏上的鸡矢藤。卷曲方向是向右。

豌豆的卷须

豌豆是藤蔓植物的代表。在田地里种植的豌豆，会缠绕在其他植株上，然后开花结果。

绿色的豆荚可以作为蔬菜食用，如果继续让其生长，豆荚就不可以作为蔬菜食用了，里面的豆子会长成真正的豌豆。

用两个培养皿在桌子上做实验，观察豌豆的生长情况。

首先，不要在培养皿里放土，只用水来培养。虽然也可以用喷雾器喷水，但那样叶片的绿色会变淡，叶片也会变得弱不禁风。

吸收了培养皿中的水，豌豆会膨胀。

不久，根会向旁边伸展，绿色的茎径直生长。

当茎生长到20厘米时，没有支柱就会倒伏。

在另一个培养皿中放入土，将豌豆埋入土中。不久，就能看到芽破土而出，茎健康地向上生长，但因为没有支柱，卷须会相互缠绕，最后也会倒伏。

伸展的芽会长成直立的茎，长出更多的叶子。

时不时给予光照，就会越来越茂盛。

豌豆的卷须是变态叶。

卷须展开，在顶端相互缠绕。

因为没有支柱，所以最终还是会倒伏，但至少能长到50厘米。

种子可以存活多久？

有一天，朋友送给我一些来自埃及金字塔的豌豆种子。

因为是十分珍贵的种子，所以想好好培养。和普通的豌豆种子一样，先在水中浸泡一晚，再种植到大花盆里。

这些来自金字塔的豌豆，豆荚和种子都是紫红色的。我吃过很多豆子，尝了几粒来自金字塔的豌豆，没发现和普通的豌豆有什么区别。

来自金字塔的豌豆种子，直到今天还能种植成活，真是不可思议。那么，到底种子可以存活多久呢？

来自金字塔的豌豆

来自金字塔的豌豆，豆荚和里面的豆子与普通的豌豆大小一样，颜色为紫红色。

和普通的豌豆一样，用水浸泡一晚后再种下去。

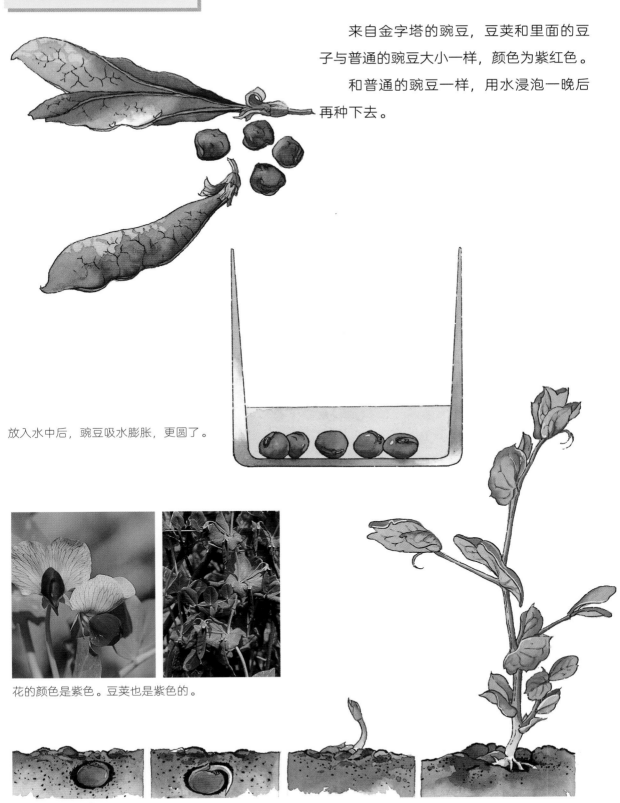

放入水中后，豌豆吸水膨胀，更圆了。

花的颜色是紫色。豆荚也是紫色的。

种下去的豌豆根开始生长，茎也径直生长。培育方式和普通的豌豆一样。

美丽的古代莲

　　从遗迹中发现的种子，除了来自金字塔的豌豆，还有其他植物的种子。听说有一个公园里的莲就是用遗迹中出土的沉睡了2000年以后的莲种子培育出来的。我和朋友一起去看过。

　　被称为大贺莲的古代莲，到底能开出怎样的花朵呢。

※大贺莲：1951年在日本千叶县弥生时代的遗迹中出土的莲种子，由大贺一郎博士栽培成功，所以以其名字命名。

有很多人前来参观在公园池塘里开着红色花朵的古代莲。这种古代莲如今在很多地方都有种植。

古代莲，比现代普通莲的花要大，茎上带刺。

去年的种子和5年前的种子

上千年前的莲种子和金字塔里的豌豆都能存活至今。那么其他植物的种子能存活多久呢？我找来许多种子想要确认一下。首先，在桌子上实验让去年的种子发芽。

将各种各样的种子用水浸泡一晚。

这是去年的水稻种子长成的，芽很好地伸展开了。

去年的王瓜种子，芽也能顺利地展开。

去年的丝瓜种子，可长出大子叶。

放在纸袋里保存的各种植物的种子。保存的方法很重要。

这次，用上了5年前收集的草本植物的种子。同样，用水浸泡一晚，然后种下去。

古代莲和金字塔中的豌豆可以存活千年，可我5年前收集的种子，即使好好浇水，也没能发芽。不知不觉种子就死掉了。

试着栽培5年前的各种植物的种子，但都没有发芽。

种下木本植物的种子

　　在查了许多种子相关的资料后，有点儿想尝试培育木本植物的种子。木本植物的种子与草本植物相比个头会大一些，栽培也很简单。考虑到木本植物的植株会长得很大，所以不能养在小花盆里，从一开始就要准备大花盆。

鸡麻

野茉莉

多花紫藤

日本七叶树

日本山毛榉

毛果槭

枹栎

米面蓊

胡桃楸

　　梧桐和枹栎等的种子可以在公园里捡到，日本山毛榉和米面蓊等植物的种子不进山是捡不到的。

　　大小和形状各异的木本植物种子要如何栽培呢？

公园的榉树种子会随着小枝一起掉落，南京椴的种子会随风飘舞，多花紫藤和山皂荚的种子包裹在豆荚中。多花紫藤的豆荚被扭开时，种子会蹦出来。

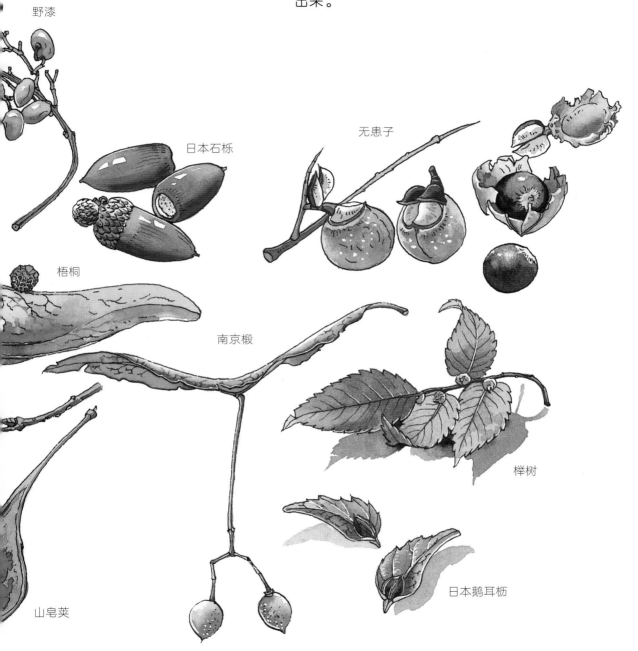

野漆

日本石栎

无患子

梧桐

南京椴

榉树

山皂荚

日本鹅耳枥

从桌子上移栽到更宽阔的地方

各种植物的种子开始发芽，长势喜人。木本植物的种子因种类不同发芽的方式和叶片形状都不相同。

这些植物没有完全长大前，不论是草本还是木本都可以放在桌上好好观察，但是再长大桌上就有些放不下了。

随着生长，木本植物最好移栽到更宽阔的空间去。阳台上阳光充足，适合移栽，当然也可以移栽到庭院中。

八角金盘的芽十分健壮。真叶也很厚实。

胡桃楸的硬核裂开，从中伸出肥厚的芽。

红山樱芽上的真叶比东京樱花的真叶要少。

杨梅的种子也健壮地发芽了。

出人意料的是，东京樱花的真叶是锯齿状的。

试着栽培银杏

银杏果是银杏的果实，栽培起来十分有趣。埋入土中时如果露出一半，就能很好地观察到根和茎伸展时的样子。

试种了银杏才知道，银杏发芽后看不出子叶，但茎上会一个接一个地长出叶片来。

将银杏果埋好后，先能看到根向土中伸展，然后会长出直立的茎。

这是什么？没有挂上标签，所以忘记了。

全缘冬青的芽，比其他木本植物发芽要晚。

长到15厘米高的银杏，到了秋季可以长到30厘米，然后就会黄叶落叶，但是来年还会继续生长。

死于长期寒冷和干燥的种子

美味的水果樱桃是酸樱桃的果实。东京樱花和大岛樱也会结果。大岛樱的果实主要用来做樱桃酒，而东京樱花的果实有些苦涩，基本没人食用。

最后，掉在地上的樱花树的果实会在冬季的寒冷和干燥中而死去，这就是为什么公园的樱花树下看不见自然长出的幼苗。

日本人最喜欢的樱花，东京樱花。到了4月，东京的东京樱花就进入满开时节。

樱花树的果实直径有8毫米。会结很多果，不久就会成熟，颜色也会变黑。

成熟的樱花树果实掉在树下，可谁也不会去捡。

掉落在地上干瘪的柿种子。这些种子也会在冬季的寒冷和干燥中死去。

树下油亮的栗子也会在漫长的冬季死去。

保护种子的方法

经历过长时间严寒和干燥的种子，如果被很好地保护起来，来年春季还会发芽。将用热水消毒过的沙子放入花盆中，同时放入种子。为了御寒，可以将花盆放在阳台温暖的角落。最好用布等遮盖。

用热水消毒过的沙子不用干燥，直接将种子放入其中，能很好地将水分封在里面。

盖布要绑紧。

用石头压住盖布。

将花盆的一半埋入土中。每隔一段时间要湿润一次沙子。

樱花树的种子这时能看到白色的根。

快要开春时，温度超过10℃，沙子中的种子就会发芽，破土而出，同时根系也会不断生长。将这些发芽的种子小心地种到花盆中。

这是我用种子培育出的樱花苗，第一年长到30厘米高，第二年长到50厘米高，长势不错。也不知道什么时候能开花。

白色的根伸展开，子叶展开，然后真叶不断生长出来。

多年后的木本植物种子

　　和草本植物不同，木本植物体型较大，生长迅速，需要较大的生长空间。在桌上种植会受到一定限制，所以要移栽到阳台或庭院中培育。

　　木本植物春季发芽，如果是落叶灌木，到了秋冬季就会落叶，但是会长出冬芽，来年春天冬芽会长出叶子并且不断长大。

　　八角金盘、朱砂根、茶都属于冬季不落叶的常绿灌木，柑橘为常绿小乔木。

　　从种子开始种植的木本植物，数年过后会是什么样呢？

日本栗、槲树、野梧桐是落叶乔木。日本紫珠和花椒木是落叶灌木。想象着它们长大后的样子十分有趣。

长出冬芽的日本栗

槲树

野梧桐

朱砂根

八角金盘

照片中是我从种子开始培育生长了1~3生的各种木本植物。右上角大个的木本植物是长了3年的多花紫藤，它左边是长了3年的日本柳杉。

日本柳杉　多花紫藤

日本紫珠

柑橘

长刺的胡椒木

茶

我试着培育了苹果树，3年长到了1米高。

在桌子上，从种子开始培育的植物园持续不了多久，时不时要将长大的植株移栽到大的花盆里。

桃、日本栗、柿，这些树什么时候才能开花结果呢？

桌子上植物园的众多发现

　　从开始种植发芽的土豆和洋葱到现在，我的桌子上已经培育了各种各样的草本植物，从种子开始到发芽生长的实验也做过了。

　　培育植物，水、土壤和阳光是最重要的，藤蔓性的草本植物的卷须卷曲方向各有不同。植物的种子既会因长久的寒冷和干燥而死亡，也会因保存良好而存活好多年。

　　桌子上植物园最棒的地方在于，可以在浇水和转换花盆方向的同时，观察到面前植物的生长状况。多亏了这一点，我才有机会仔细观察了解植物，发现一些以前没有注意到的自然现象。

花盆里的水去了哪里?

将桌上的牵牛花移栽到花盆里，挪到阳台培育。

牵牛花栽培在花盆里时，每天都要浇水，不然就会枯萎。太阳的热量会让土壤中的水分蒸发。

但是，农家田地里的蔬菜，主要靠下雨供水，并不是每天都浇水。这些植物从土壤中也能得到水分。

牵牛花的花盆里快没水了吗?

5月11日7时

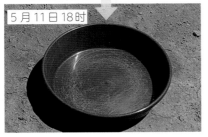

5月11日18时

5月的晴天，在盆里盛满水拿出去。到了傍晚，盆里的水都没了。这就是太阳热量的缘故（左边照片）。

太阳的热量使土壤中的水分蒸发，花盆中的土壤少，里面没有多少水分。但是花盆是不能和广袤的田地相提并论的，所以田地不需要每天浇水。

土壤的量很重要

除了水以外，土壤的量对植物的生长也非常重要。

毛蕊花这种草本植物的种子，用大小不同的3个花盆培育，进行同样的水肥管理，培育出来的植株大小还是有差别的。草本植物其实也喜欢宽阔的地方。

花盆大小不同，培育方式相同的毛蕊花。长成这样是因为土壤的量不同。

大发现！不可思议的发芽

在查看桌子上的花盆时，不小心将发芽的鸭跖草碰倒了。不经意间发现鸭跖草除了2片真叶和根外，在中间还长出了白色线状物，前端连接的是种子。虽然栽培过不少植物，但这样的情况还是第一次见。

白色线状物也会生长吗？

碰倒后暴露出来的芽。白色线状物前端是种子。

鸭跖草的种子大概只有米粒的一半大小。

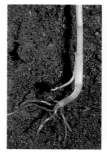

连着种子的白色线状物。

种子的根没有伸展开。

鸭跖草接连长出真叶。

夜晚会休息的嫩苗

西方苍耳的子叶展开了。到了夜晚再去看时，发现子叶又合上了。

正在休息的子叶。

紫云英的真叶

　　紫云英春季在田边绽放，6月结的种子如果到了9月还不种就发不了芽了。在桌子上种植紫云英后有一个有意思的发现，紫云英的真叶上会长出小叶。紫云英的真叶是羽状复叶，上面长有很多小叶。通过观察得知，开始小叶是1片，然后是3片，再之后是5片，之后不断增加。植物真是不可思议啊！

发芽的样子

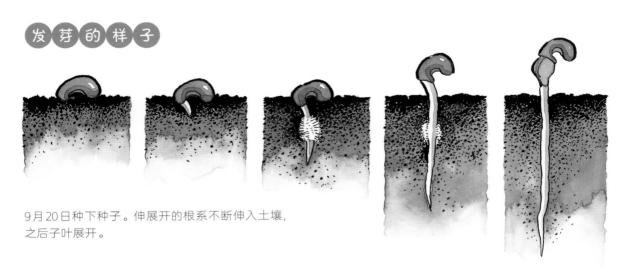

9月20日种下种子。伸展开的根系不断伸入土壤，之后子叶展开。

破土而出的芽上带着种子皮。

小叶不断增加！

❶ 子叶展开。

❷ 展开第1片真叶，上面只有1片小叶。

❸ 展开第2片真叶，上面有3片小叶。

❹ 第3片真叶上有5片小叶。新长出的小叶数量不断增加，直至最后长出9～11片小叶。

※ 小叶：组成复叶的较小的叶片。

结束语

从在厨房发现发芽的土豆和洋葱开始，我用草本和木本植物的种子做了很多实验。这本书中就有当时实验的手绘图和照片。

通过观察我知道了，不论是草本植物还是木本植物的种子，都是先长出向地下伸展的根，然后地上部分长出子叶。但是子叶的形状因植物种类不同而各不相同。另外，不论是草本植物还是木本植物，不见得大种子就能长出健壮的植株。

我在本书中介绍的桌子上的实验和观察的过程，大家也一定要尝试一下。

当然，种子的种类和实验方法不一定要模仿我，可以自己思考并勇敢尝试，没准儿就会获得新发现。

奥山久

植物名称索引

图书在版编目（CIP）数据

我的自然观察图鉴：桌子上的植物园／（日）奥山久著；新锐园艺工作室组译 . —北京：中国农业出版社，2021.9
ISBN 978-7-109-28455-5

Ⅰ.①我… Ⅱ.①奥… ②新… Ⅲ.①观察－能力培养－少儿读物 Ⅳ.①B841.5-49

中国版本图书馆CIP数据核字（2021）第130991号

合同登记号：01-2020-7032

我的自然观察图鉴：桌子上的植物园

WO DE ZIRAN GUANCHA TUJIAN：ZHUOZI SHANG DE ZHIWUYUAN

中国农业出版社出版
地址：北京市朝阳区麦子店街18号楼
邮编：100125
责任编辑：谢志新　郭晨茜
版式设计：郭晨茜　　责任校对：吴丽婷
印刷：北京中科印刷有限公司
版次：2021年9月第1版
印次：2021年9月北京第1次印刷
发行：新华书店北京发行所
开本：787mm×1092mm　1/16
印张：3
字数：60千字
定价：45.00元

TSUKUE NO UENO SHOKUBUTSUENBOKU NO SHIZEN KANSATSUKI by Hisashi Okuyama
Copyright © Hisashi Okuyama 2016
All rights reserved.
Original Japanese edition published by SHONEN SHASHIN SHIMBUNSHA, INC.
Simplified Chinese translation copyright © 2021 byChina Agriculture Press Co., Ltd.
This Simplified Chinese edition published by arrangement withSHONEN SHASHIN SHIMBUNSHA, INC.,
Tokyo, through HonnoKizuna, Inc., Tokyo, and Beijing Kareka Consultation Centerr

本书简体中文版由株式会社少年写真新闻社授权中国农业出版社有限公司独家出版发行。通过株式会社本之绊和北京可丽可咨询中心两家代理办理相关事宜。本书内容的任何部分，事先未经出版者书面许可，不得以任何方式或手段复制或刊载。